舰载机，升空！

王懿墨　马娟娟　屠正阳◎著　　东千兔兔◎绘

U0239917

北京科学技术出版社

航母上的"战鹰"

波光粼粼的海面上，庞大的航母犹如巨型钢铁堡垒，
在阳光下闪着银色的光芒。
数架舰载战斗机威风凛凛地停在飞行甲板上，
随时准备起飞，振翅翱翔。

"飞鲨"标志

位于歼-15的垂直尾翼上，图案是一条露出尖利牙齿的鲨鱼，寓意"保卫海疆，强我国防"。

歼-15舰载战斗机

代号"飞鲨"，是我国国产第一代舰载战斗机。除了基本的单座型，还有双座型、弹射起飞型、电子战型等多个改进型号。

新式智能防空导弹

能在短时间内迅速拦截低空飞行的导弹、战斗机和无人机，并配以红外和雷达等装置，可锁定海上和空中的目标。

新式近防炮系统

有11个能旋转发射的炮管，射速达每分钟上万发，是航母的最后一道防线。哪怕是高速来袭的超声速反舰导弹，也会被它的弹幕瞬间"撕碎"。

3

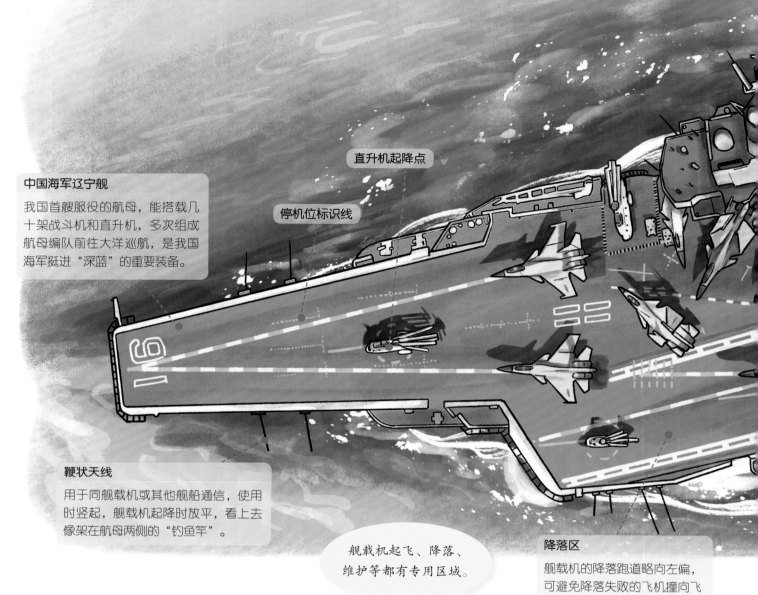

直升机起降点

停机位标识线

中国海军辽宁舰
我国首艘服役的航母，能搭载几十架战斗机和直升机，多次组成航母编队前往大洋巡航，是我国海军挺进"深蓝"的重要装备。

鞭状天线
用于同舰载机或其他舰船通信，使用时竖起，舰载机起降时放平，看上去像架在航母两侧的"钓鱼竿"。

舰载机起飞、降落、维护等都有专用区域。

降落区
舰载机的降落跑道略向左偏，可避免降落失败的飞机撞向飞行甲板上的其他飞机，防止发生事故。

飞行甲板的大学问

尽管航母的飞行甲板看起来巨大无比，
但停满舰载机时还是会拥挤。
舰载机是航母发挥战斗力的关键，
怎样才能避免它们在
飞行甲板上"堵车"呢？

舰岛

停机区

位于航母右舷。飞行甲板下方分布着加油装置，可保障舰载机完成加油、挂弹等工作。

起飞点

舰载机起飞的固定位置。辽宁舰上共有三个起飞点，其中舰岛左侧起飞点的滑跑距离更长，能让装载更多燃料、弹药的舰载机成功起飞。

"全甲板攻击模式"
能对海上目标发动强有力的攻击，是航母向敌人打出的一记"重拳"。

航母"全甲板攻击模式"

指把所有舰载机都排列到飞行甲板上，将它们一口气全部放飞，发动集群攻击的一种模式。这需要科研人员进行复杂的数学计算，规划好飞行甲板上每一架舰载机的最佳整备和起飞顺序。

舰载机整备，开始！

舰载机出动前，要先在飞行甲板上进行一系列准备工作——舰载机整备作业，例如展开折叠机翼、加油、装弹……整备作业完成后，舰载机依次进入起飞点，待命升空。

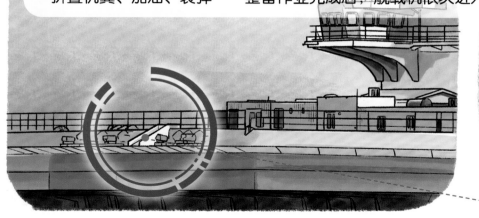

弹药投弃滑道

分布在飞行甲板两侧。航母遭受攻击起火时，可通过弹药投弃滑道将炸弹、导弹等易爆物投入海中，避免它们在飞行甲板上爆炸，造成更严重的破坏。

弹药升降机

舰载机各类机载弹药的"专用电梯"。它的工作效率关系着舰载机挂弹出动的速度，是航母上的重要设施之一。

舰载机牵引车

航母上牵引舰载机移动的特种车辆。

弹射器控制站

拥有360°视野，可观察飞机准备状态和地勤人员的放飞手势。弹射器控制站设置了升降功能，工作时可升到飞行甲板上来。

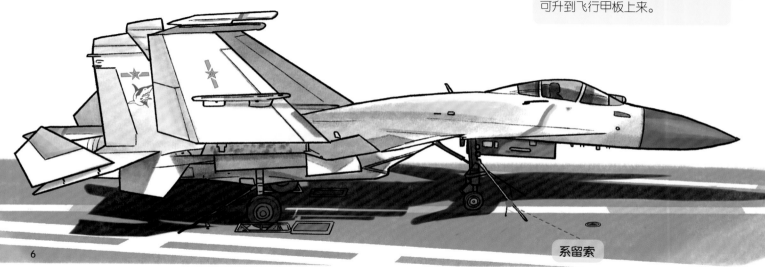

系留索

可折叠式机翼

这种机翼设计可减少舰载机停放时占用的空间，让航母在有限的空间内搭载更多飞机。

如果海上起了风浪，正在进行整备作业的舰载机会不会掉进大海里？

当然不会了！这些小装置能把舰载机牢牢地固定在飞行甲板上。

甲板系留孔

航母飞行甲板上的固定装置。使用时，将系留索一端扣在系留孔上，另一端与飞机相连。系留孔可承受十几吨的拉力，不会变形，更不会断裂脱落。

火药弹射器

早期的弹射装置，利用火药爆炸释放的能量来弹射飞机。但这种弹射器不安全，如果遭到攻击，飞行甲板就有变成一片火海的危险。

液压弹射器

第二次世界大战时美军航母上广泛使用的大型弹射器，能弹射鱼雷机等重型飞机，是一种早期使用的弹射装置。

武装航空运输船

早期改装运输船，加装弹射器，可弹射固定翼飞机，使其在空中为运输船队护航。

汉考克号航母

美国埃塞克斯级航母的第11号舰，参加过第二次世界大战中的太平洋战争。

旧式弹射器弹射效率较低，面对现代战争已经力不从心了。

压缩空气弹射器

利用压缩空气能产生巨大推力的原理设计的弹射器。弹射一架飞机用时较长，无法连续弹射多架飞机。

航母上的"大弹弓"——弹射器

航母的飞行甲板长度有限，舰载机起飞时通常要借助弹射器这个"大弹弓"把自己"弹"出去。弹射器的原理看似简单，却有着复杂的进化过程。我们一起来了解一下它的历史吧！

尼米兹级航母

美国现役一型核动力多用途航母,装有四台蒸汽弹射器。

蒸汽弹射器里面有复杂的蒸汽管路,不是专业人员可搞不定!

蒸汽弹射器

大多数现代航母使用的弹射器,其巨大的弹射能量可满足喷气式飞机的起飞需求。但多次使用后就需要对它进行维修保养。

蒸汽弹射器启动时会产生高温水蒸气,因此操作它时要注意安全。

活塞后移,拖拽牵引索,从而使导向滑轮改变牵引方向。

牵引索拖动飞行甲板上的飞机向前高速滑行,使其获得足够快的起飞速度。

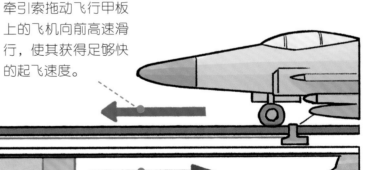

牵引索　　弹射汽缸

导向滑轮

蒸汽发生器中的高温水蒸气进入弹射汽缸,迅速推动活塞移动。

蒸汽发生器

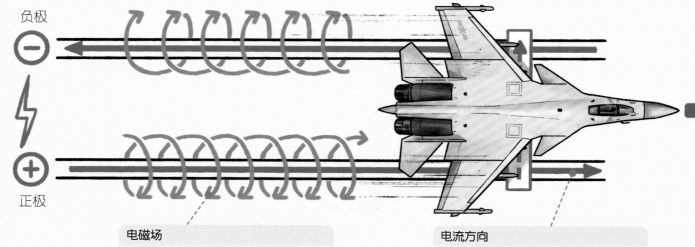

电磁弹射器的物理原理

负极

正极

电磁场

通电的线路周围会产生螺旋环绕的电磁场，通电物体通过时就会受到电磁力的作用，电磁弹射器就是利用这个原理将飞机"弹"出去的。

电流方向

与从高处向低处流动的水相似，电也有固定的流动方向。它会沿着连通的电路从电源正极流向负极，这个方向就是电流方向。

奇妙的电磁科学

弹射器发展至今，
已经有了更先进的形态——电磁弹射器。
我国航母福建舰上就装备了这种弹射器，
它是怎样推动飞机起飞的呢？

这叫作"左手定则"，
能判断通电的物体在磁场中
受力的方向，是电磁学中
非常重要的知识。

电流方向

电磁场方向

电磁力方向

妙用左手定则，判断飞机被弹射时的电磁力方向。

①将左手伸展开，让弹射滑轨内侧的电磁场垂直穿过手心；
②四根手指伸直，指向电流方向；
③拇指水平张开，与其余四指呈 90° 角，此时拇指的指向就是电磁力的方向。

弹射滑块

牵引舰载机，将
其弹射升空。

弹射直线电动机

驱动线圈

产生电磁力，拖动弹
射滑块向前移动。

这套神奇的"舰船综合
电力系统"是我国的马伟明
教授带领团队研发的。

难怪他被称为
"电磁弹射之父"，
真了不起！

电能调节系统

能调节输入弹射直线电动
机的电能，从而把弹射力
量控制在合适的范围内，
保障舰载机不被损坏。

弹射起飞成功！

舰船综合电力系统有多厉害?

这个系统可精准调配航母上所有设备
的用电量，通过计算机为动力系统、
照明系统、舰载武器等输送强大的电
能，让航母能瞬间启动电磁弹射装置。

电力储能装置

可储存弹射器弹射飞机时释放的
多余电能，留待下一次弹射使用。

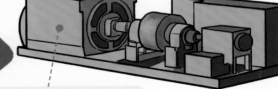

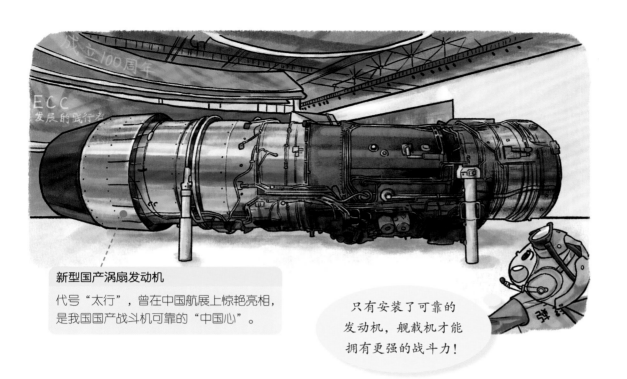

新型国产涡扇发动机

代号"太行",曾在中国航展上惊艳亮相,是我国国产战斗机可靠的"中国心"。

只有安装了可靠的发动机,舰载机才能拥有更强的战斗力!

滑跃起飞,"飞鲨"腾空!

舰载机除了借助弹射器起飞,还可以利用滑跃式甲板进行滑跃起飞。
我国航母辽宁舰和山东舰就装有向上翘起的滑跃式甲板。

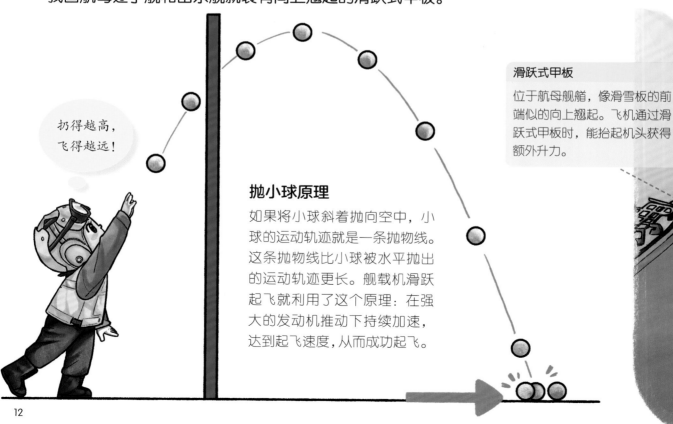

扔得越高,飞得越远!

滑跃式甲板

位于航母舰艏,像滑雪板的前端似的向上翘起。飞机通过滑跃式甲板时,能抬起机头获得额外升力。

抛小球原理

如果将小球斜着抛向空中,小球的运动轨迹就是一条抛物线。这条抛物线比小球被水平抛出的运动轨迹更长。舰载机滑跃起飞就利用了这个原理:在强大的发动机推动下持续加速,达到起飞速度,从而成功起飞。

滑跃起飞

飞机在不依赖弹射器的情况下，利用航母的滑跃式甲板获得足够的速度和升力，仅凭自身动力完成起飞。

报告塔台，起飞速度正常，保持当前姿态爬升！

甲板识别舷号

拥有多艘航母的国家，通常会在航母的飞行甲板上涂刷巨大醒目的舷号，以便舰载机飞行员从空中迅速辨别自身所属航母，避免错降到其他航母的飞行甲板上。

唰——

安全拦阻网

起飞标识线

鸭翼

又称前置翼，为舰载机提供额外的升力，使其能在更短的距离内起飞。

襟副翼

是一种把飞机襟翼和副翼合并在一起的装置，在飞机降落时可起到增加升力、辅助减速的作用。

盘旋等待

舰载机进入航母左舷空域的等待航线，略收油门保持绕圈飞行，缓慢降低速度和高度。

进入着舰航线

舰载机从航母右后方进入着舰航线减速，放下尾钩、起落架、襟副翼等核对着舰清单。

盘旋

左舷等待航线

盘旋航线 ←——— 3海里 ———→

366米

停止减速

核对着舰清单

183米

舰载机降落要严格遵守这些"规矩"才能万无一失，可不是一下就降落在飞行甲板上。

舰载机返航有"规矩"

对舰载机飞行员来说，起飞是一项很大的考验，降落同样是一项需要攻克的难关。降落时，飞行员不仅需要进行上千个精细操作，还要严格遵守既定的着舰流程。

前起落架舱盖

能收纳前起落架的特殊舱盖，通常分为"单开门"与"双开门"两种。由特殊的强化材料制成，能承受巨大的冲击力。

如果遇到恶劣天气或在夜间降落，为了飞行安全，就需要执行更复杂的着舰流程。

准备降落

飞行员须确认飞机处于安全的高度和速度，对准飞行甲板跑道准备降落，并与着舰指挥官保持联系，确保飞机顺利降落。

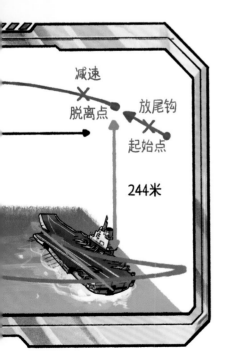

减速
脱离点　放尾钩
起始点
244米

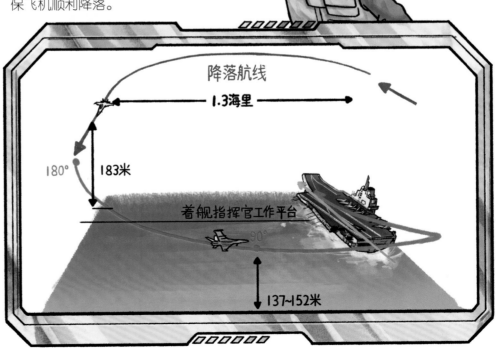

降落航线
1.3海里
180°　183米
着舰指挥官工作平台
90°
137~152米

神奇的五彩信号灯——着舰辅助设备

此时，舰载机的机头对准了斜角甲板，跑道的降落标识线也变得清晰可见。
接下来，就要依靠神奇的五彩信号灯来辅助降落了！

光学助降系统

相当于航母上的"交通信号灯"，用来指引舰载机安全着舰。它能发出带颜色的光束。舰载机只有处于正确的下滑道上，才能看到降落指示信号。

基准灯

发出绿色光，能为飞行员指示正确的着舰角度。

切断灯

发出绿色光，告知飞行员飞行甲板一切正常，允许降落。

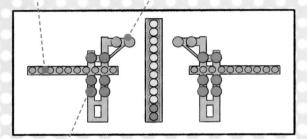

降落标识线

禁降复飞灯

发出红色闪光，警告飞行员停止下降，立刻复飞。

着舰指挥工作站

舰载机的着舰指挥中心，视野开阔，用来引导飞机着舰。

没想到这个"小发明"帮了舰载机飞行员一个大忙！

听说光学助降系统的发明灵感来源于化妆镜。

什么是迎角？

飞机的头部与气流方向的夹角，是判定飞机飞行姿态的一项重要数据。

迎角指示器

位于舰载机座舱内平视显示器的一侧，协助飞行员调整飞行姿态。

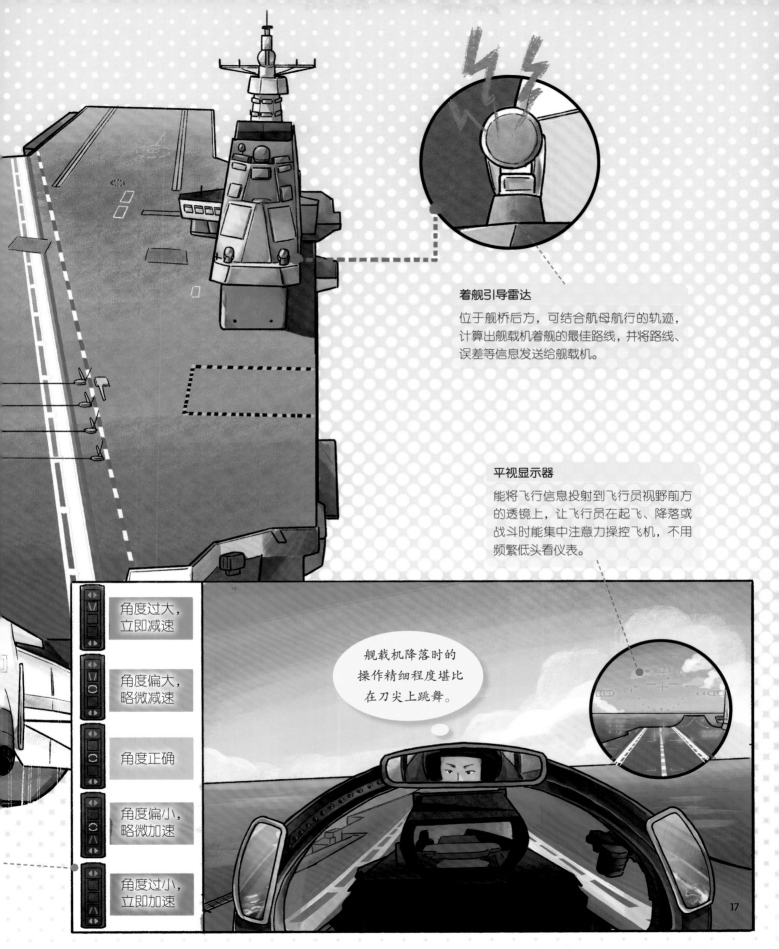

着舰引导雷达

位于舰桥后方，可结合航母航行的轨迹，计算出舰载机着舰的最佳路线，并将路线、误差等信息发送给舰载机。

平视显示器

能将飞行信息投射到飞行员视野前方的透镜上，让飞行员在起飞、降落或战斗时能集中注意力操控飞机，不用频繁低头看仪表。

舰载机降落时的操作精细程度堪比在刀尖上跳舞。

角度过大，立即减速

角度偏大，略微减速

角度正确

角度偏小，略微加速

角度过小，立即加速

甲板"引路人"——着舰指挥官

舰载机着舰时，除了辅助降落设施在不间断引导，
还有一群经验丰富的军官在飞行甲板上指挥着飞行员。
舰载机的安全降落，离不开他们的指引。

怎样成为一名着舰指挥官？
①成为优秀的舰载机飞行员，获得着舰资格；
②通过舰上指挥训练考核；
③拥有相关知识和强大的心理承受能力，能冷静处理各种突发情况。
满足这些条件后，还要完成规定次数的实际操作，才能成为一名合格
的着舰指挥官。

降落姿态平稳，这下着舰指挥官们可以放心了！

最高指挥权

舰载机着舰的过程中，着舰指挥官拥有最高等级的指挥权。飞行员如果不按照着舰指挥官的指令操作，将面临十分严厉的处罚，甚至会被取消飞行资格。

这些设施也是舰载机能在恶劣天气下降落的关键。

封闭式降落指挥舱
遇到恶劣天气，着舰指挥官会进入封闭式降落指挥舱执行指挥任务。

开放式降落指挥舱

着舰指挥官
负责指挥高速飞行的舰载机精准挂上拦阻索，引导舰载机安全着舰。

确认起落架已放下，允许着舰。

速度过慢，立即加大油门，控制速度。

手语：展开机翼

双手交叉于胸前，再向身体两侧展开，反复挥动。

"航母 style"，不止一种！

或许你已经知道，航母上有一种"走你"的手势。

这是地勤人员的指挥手语，人们亲切地称它为"航母 style"。

下面我们就来学习一些常见的指挥手语吧！

航母飞行甲板上噪声非常大，因此地勤人员需要使用手语交流。

夜间指挥：放下牵引杆

左臂前伸，右臂向上弯曲，手握发红色光的指挥棒，指挥棒与手臂方向大致保持一致。

手语：由我指挥

高举右手，掌心向前。

手语：解开系留索

右臂放在胸前上下挥动。

这个手势是广为人知的"航母style"。它意味着舰载机可以起飞！

触舰复飞

舰载机降落时遇到危险采取的紧急拉升动作，能让飞机立即重新起飞，是舰载机飞行员必须掌握的避险技能之一。

手语：移交指挥权

双手做出指示的姿势，沿身体一侧指向下一名地勤人员。

手语：撤掉轮挡

双臂置于身体两侧，掌心向前，拇指向外，挥动手臂。

加固起落架

舰载机着舰瞬间，几乎相当于"砸"在飞行甲板上，因此与普通战斗机相比，舰载机的起落架还需要进行特殊的加固。

拦阻索

航母飞行甲板上的拦截装置。舰载机钩住拦阻索后，会在短短数秒内减速至零。

拦阻索未使用时，飞行甲板下方的大型液压减速活塞处于正常位置。

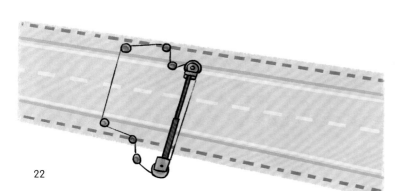

舰载机钩住拦阻索后，传动装置迅速压缩飞行甲板下方的活塞，吸收舰载机的强大冲击力，起到缓冲作用。

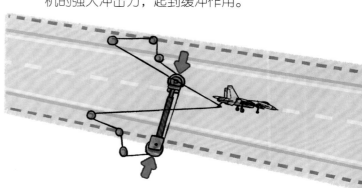

航母上的"生命线"——拦阻索

"唰——哐当！"舰载机的起落架精准地落到航母的飞行甲板上。

机尾处放下的尾钩立即钩住甲板上的拦阻索。

仅仅数秒，被拦阻索拉住的飞机就稳稳地停了下来，圆满降落。

舰载机着舰可能遇到的危险

①着舰速度过快，机头仰起角度过高，飞机触舰时容易承受过大的冲击力，直接摔在飞行甲板上造成事故；

②未钩住拦阻索，飞机应立即启动复飞程序，否则会冲出飞行甲板导致坠海；

③飞行轨迹过低，速度过慢，飞机容易撞上航母的尾部。

尾钩

装在舰载机尾部的重要部件，用来钩住航母上的拦阻索，能承受飞机重量数倍的拉力而不变形。

能拉住高速滑行的舰载机，让它停下来，这根钢索一定很特殊！

它用尼龙和高韧度钢丝编织而成，是航母飞行甲板上的"生命线"。

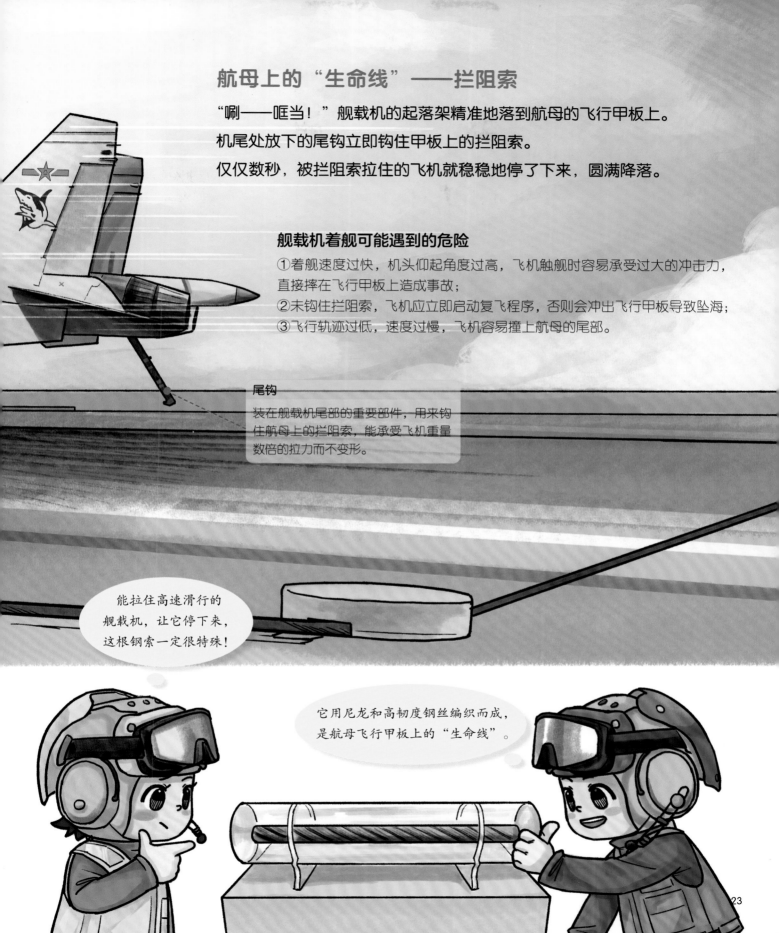

翱翔海空的勇士——海军航空兵

驾驶着舰载机叱咤海空的，是一群特殊的飞行员，
他们来自我国强大的空中力量——海军航空兵。

海军航空兵飞行臂章

以海军军旗为背景，中央是一只眼神锐利的雄鹰，雄鹰四周环绕"海军航空兵"的中英文字样。

驾驶战斗机从祖国自己的航母上起飞，是海军飞行员的梦想！

海军航空兵与空军航空兵有什么不同？

海军航空兵和空军航空兵驾驶的机种基本类似，不同之处在于：空军航空兵的任务范围较广，涵盖了广袤国土的防空、对敌空袭、运输、侦察、空中预警等；海军航空兵的任务则侧重于歼灭敌方海上力量，掩护和支援己方舰艇的作战行动，保护己方海军基地、港口的安全，等等。

海军飞行头盔

与空军飞行员的头盔颜色不同，海军飞行员的头盔呈天蓝色，配有玻璃罩、滤光器和送话器等装置。

海军航空兵

隶属于中国人民解放军海军航空兵部队，承担着支援海军舰队远洋作战等任务。

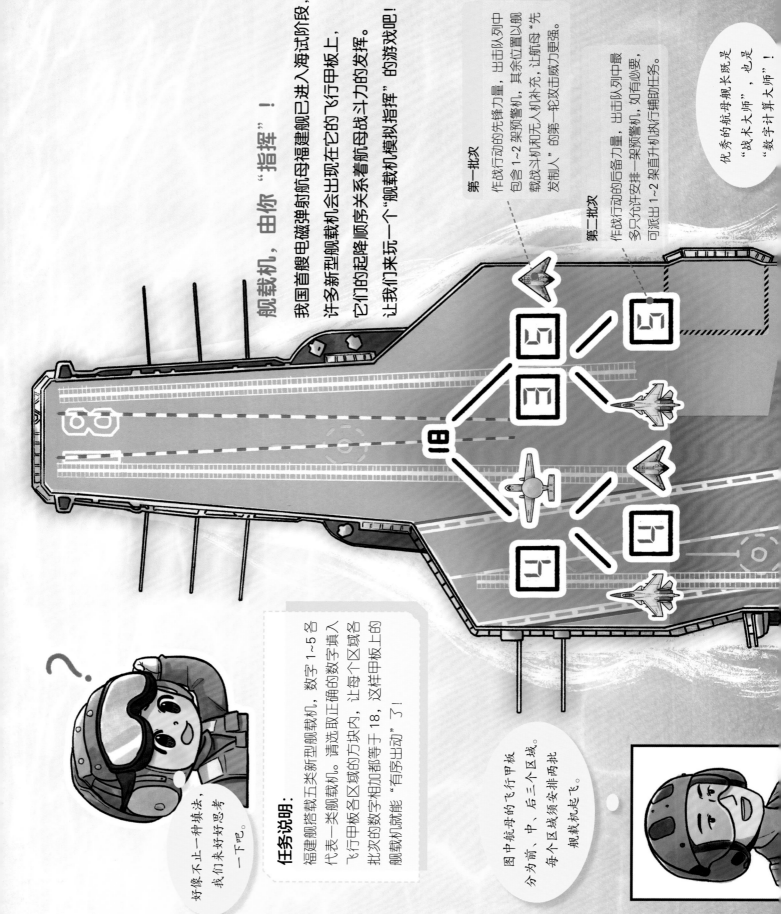

舰载机，由你"指挥"！

我国首艘电磁弹射航母福建舰已进入海试阶段，许多新型舰载机会出现在它的飞行甲板上，它们的起降顺序关系着航母战斗力的发挥。让我们来玩一个"舰载机模拟指挥"的游戏吧！

第一批次

作战行动的先锋力量，出击队列中包含1~2架预警机，其余位置以舰载战斗机和无人机补充，让航母"先发制人"的第一轮攻击威力更强。

第二批次

作战行动的后备力量，出击队列中最多只允许安排一架预警机，如有必要，可派遣出1~2架直升机执行辅助任务。

优秀的航母舰长既是"战术大师"，也是"数字计算大师"！

任务说明：

福建舰搭载五类新型舰载机，数字1~5各代表一类舰载机。请选取正确的数字填入飞行甲板各区域的方块内，让每个区域各批次的数字相加都等于18，这样甲板上的舰载机就能"有序出动"了！

图中航母的飞行甲板分为前、中、后三个区域。每个区域须须安排两批舰载机走飞。

好像不止一种填法，我们未来好好思考一下吧。

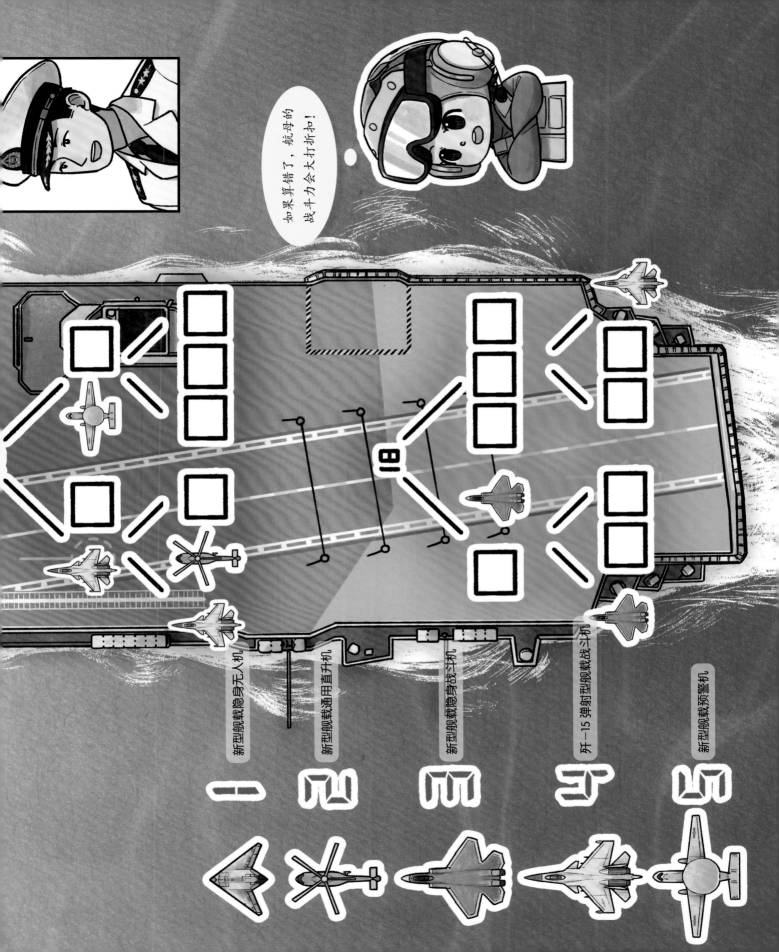

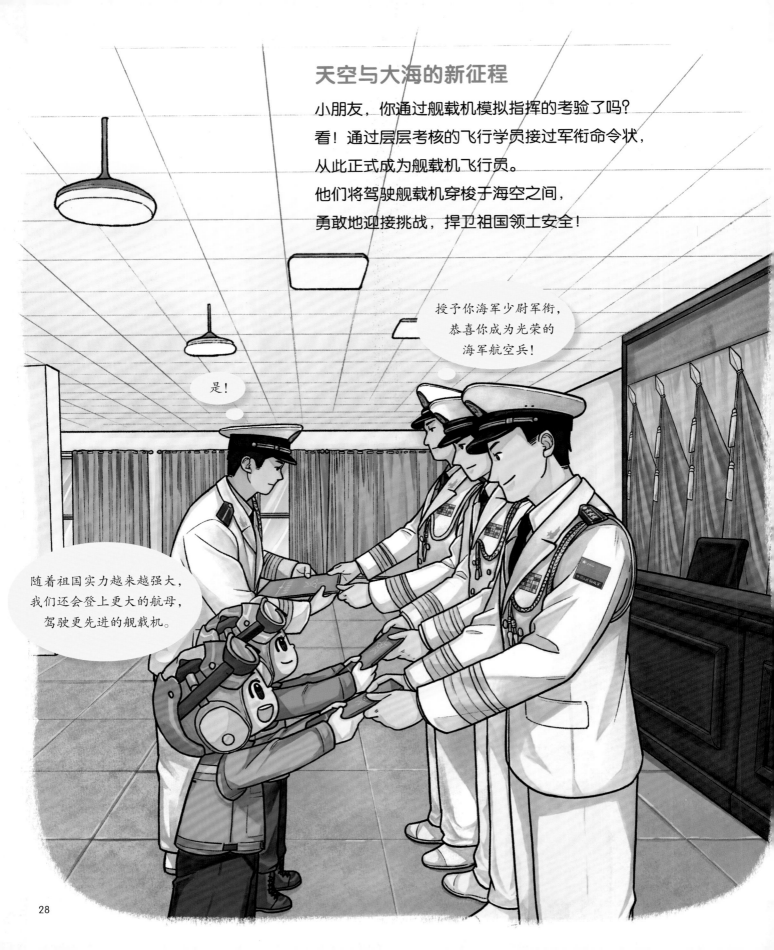

天空与大海的新征程

小朋友，你通过舰载机模拟指挥的考验了吗？
看！通过层层考核的飞行学员接过军衔命令状，
从此正式成为舰载机飞行员。
他们将驾驶舰载机穿梭于海空之间，
勇敢地迎接挑战，捍卫祖国领土安全！